BEI GRIN MACHT SICH IHR
WISSEN BEZAHLT

Schokoladenbonbons extrem. Ein mathematisches Modell erklärt anhand einer umweltunfreundlichen Verpackung

Antje Heinicke

Bibliografische Information der Deutschen Nationalbibliothek:

Die Deutsche Nationalbibliothek verzeichnet diese Publikation in der Deutschen Nationalbibliografie; detaillierte bibliografische Daten sind im Internet über http://dnb.d-nb.de abrufbar.

ISBN: 9783346042255
Dieses Buch ist auch als E-Book erhältlich.

© GRIN Publishing GmbH
Nymphenburger Straße 86
80636 München

Druck und Bindung: Books on Demand GmbH, Norderstedt Germany
Gedruckt auf säurefreiem Papier aus verantwortungsvollen Quellen

Das vorliegende Werk wurde sorgfältig erarbeitet. Dennoch übernehmen Autoren und Verlag für die Richtigkeit von Angaben, Hinweisen, Links und Ratschlägen sowie eventuelle Druckfehler keine Haftung.

Das Buch bei GRIN: https://www.grin.com/document/502958

Inhalt

1. Darstellung der längerfristigen Unterrichtszusammenhänge

1.1 Allgemeine Ausgangslage der Lerngruppe

Es handelt sich bei den 22 SuS (11 Schüler und 11 Schülerinnen) um eine Klasse der Höheren Berufsfachschule Drucktechnik und Mediengestaltung (Gestaltungstechnische AssistentInnen GTA Grafikdesign und Objektdesign Mittelstufe – Klasse 12). Ziel ist der Abschluss Gestaltungstechnischer Assistent sowie die Fachhochschulreife nach 3 Jahren. Ich unterrichte die Klasse eigenverantwortlich seit dem Schuljahr 2017/2018 im Fach Mathematik mit 2 Stunden pro Woche. Zusätzlich erhält ein Teil der SuS bei Bedarf zwei Stunden Nachhilfe von mir.

Bedingt durch den Lehrerwechsel zum neuen Schuljahr und dem damit einhergehenden veränderten Unterrichtsstil, war das Verhältnis zwischen einigen SuS und mir zu Beginn angespannt. Die Klasse war es aus dem vorherigen Unterricht gewohnt, ein Thema anhand einer Beispiellösung an der Tafel vorgestellt zu bekommen und dieses dann mittels ähnlicher Aufgabenstellungen zu üben. Ich versuche die SuS mehr entdecken, ausprobieren und selbstverantwortlich arbeiten zu lassen. Für die SuS ist das ungewohnt und es fällt ihnen größtenteils noch schwer, Realsituationen in die Mathematik zu überführen und dadurch mathematischen Probleme selbst zu lösen. Darüber hinaus hat der Großteil der SuS eine negative Einstellung zum Fach Mathematik. „Das kann ich nicht, konnte ich noch nie." ist ein häufig gehörter Satz. Ich versuche mithilfe von spielerischen Elementen und sinnstiftenden Aufgaben ihr Verhältnis zur Mathematik zu verbessern (siehe Kapitel 1.3).

Der Leistungsstand der SuS ist sehr heterogen: Vier SuS verfügen über solide mathematische Grundkenntnisse und sind in der Lage diese ohne große Probleme zu reaktivieren, um Problemstellungen zu bearbeiten. Sechs weitere SuS besitzen gute mathematische Grundkenntnisse und sind mit Unterstützung in der Lage, diese zu reaktivieren. Elf SuS benötigen häufiger Hilfestellungen durch mich oder ihre Mitschüler. Sieben SuS sind sehr leistungsschwach und trotz Hilfestellung meist nicht in der Lage Probleme und Aufgaben zu lösen. Ihnen fehlen wichtige mathematische Grundkenntnisse. Sie zeigen sich im Unterricht meist desinteressiert. Drei dieser SuS fehlen häufig im Unterricht. Sie sind nicht dazu bereit, zu Hause den Stoff nachzuarbeiten oder entsprechendes Übungsmaterial zu bearbeiten. Auch mein Nachhilfeangebot wurde von ihnen nicht angenommen.

Die SuS haben ihre mittlere Reife an unterschiedlichen Schulformen erworben: Zwei SuS an einer Hauptschule, vier SuS an einer Gesamtschule, vierzehn SuS an einer Realschule, ein Schüler am Gymnasium und eine Schülerin am Berufskolleg.

In der Lerngruppe befinden sich zwei SuS, welche die Klasse wiederholen. Eine Schülerin ist zum zweiten Halbjahr aus dem beruflichen Gymnasium in die Klasse gewechselt.

Lernumgebung

Der Unterricht im Fach Mathematik findet in einem einfachen Klassenraum statt. Der Raum verfügt über eine digitale Tafel.

1.2. Curriculare Legitimation und schulische Vereinbarungen

Der Aufbau des Fachunterrichts Mathematik im Bildungsgang Gestaltungstechnische AssistentInnen richten sich nach dem Lehrplan für das Berufskolleg in Nordrhein-Westfalen - Bildungsgänge der Fachoberschule [1]. Laut Lehrplan sollen die SuS ausgehend von fachrichtungsbezogenen Problemstellungen grundlegende Fach- und Methodenkompetenzen in der Mathematik erwerben und dabei ein Grundverständnis für ein zielgerichtetes und problemorientiertes Arbeiten mit Mathematik entwickeln, so dass sie den Anforderungen von Wirtschaft und Hochschulen gewachsen sind. Für Klasse 12 ist der Themenbereich Differentialrechnung als verbindlich vorgegeben. Die Reihenplanung orientiert sich an der didaktischen Jahresplanung der FOS-Gestaltung.

1.3. Leitgedanken und Intentionen

Begründet durch eigene negative Erfahrungen mit Mathematikunterricht sind die wichtigsten Rahmenbedingungen für meinen Unterricht, eine angstfreie und wertschätzende Atmosphäre sowie das Hervorheben der Sinnhaftigkeit in der Beschäftigung mit mathematischen Inhalten. Die angstfreie Atmosphäre ergibt sich aus einem gegenseitigen respektvollen und humorvollen Umgang sowie dem Zulassen und Arbeiten mit Fehlern [2]. Die Frage nach dem Sinn der Unterrichtsinhalte möchte ich ungefragt beantworten, indem über die gesamte Reihe Extremwertprobleme anhand von Beispielen aus Alltag und Umwelt problemorientiert behandelt werden [3]. Die genutzten Extremwertprobleme ermöglichen es den SuS, mathematisch zu modellieren: Eine Realsituation wird in die Sprache der Mathematik übersetzt, es werden mathematische Ergebnisse berechnet und auf die Realsituation bezogen. Anschließend wird bewertet, ob das Resultat für die Ausgangsituation eine plausible Lösung ist. Falls dies nicht der Falls ist, werden Anpassungen vorgenommen [4].

Die Reihe ermöglicht es den SuS, zu verstehen, wozu die Ableitungsregeln und damit zusammenhängende Techniken in der vorherigen Reihe erlernt wurden, indem sie das Erlernte zum Lösen unterschiedlicher Probleme einsetzen können. Probleme selbstständig lösen zu können, ist eine der wichtigsten Kompetenzen, die zum Erfolg im Leben nach der Schule führen. Viele trauen sich dies nicht zu bzw. sind dies nicht gewohnt und versuchen daher gar nicht erst über Probleme nachzudenken. Ich versuche immer wieder die SuS dazu zu ermuntern, selbstständig nach Lösungen zu suchen.

Das wiederholende spielerische Üben ist ein wiederkehrendes Element meines Unterrichts. Eine Möglichkeit hierfür ist das Mathe-Quiz. Dadurch können die SuS ihren eigenen Leistungsstand einordnen und ich bekomme einen Überblick über den Leistungstand der Klasse sowie über Fehler im Grundverständnis der SuS. Zum

Verfestigen der mathematischen Fachbegriffe verwende ich Kreuzworträtsel und Lückentexte. Zum produktiven Üben kommen Dominos und andere Strukturlegetechniken zum Einsatz. Einzelne Stunden beginne ich mit einem Mathe-Diktat, welches grundlegende mathematische Fertigkeiten oder Fachbegriffe abfragt. Ich konnte beobachten, dass dies für die schwächeren SuS eine Möglichkeit ist, sich mehr am Unterricht zu beteiligen und Erfolgserlebnisse zu sammeln.

1.4. Kompetenzen (bezogen auf das Lernfeld, die Unterrichtsreihe, die Lernsituation)

Fachkompetenz - Mathematisch modellieren (K3)[5]: Die SuS können zu inner- und außermathematischen Extremwertproblemen Skizzen anfertigen und die gegebenen Variablen festlegen. Sie können die Haupt- und Nebenbedingung aufstellen sowie die Zielfunktion bestimmen. Sie sind in der Lage die Extremstellen der Zielfunktion zu bestimmen und die Ergebnisse bezüglich der Realsituation zu bewerten. Sie können sich aus der Nebenbedingung ergebende weitere Variablen berechnen und einen Antwortsatz formulieren.

Selbstkompetenz: Die SuS werden darin bestärkt, zielorientiert, selbstständig und zuverlässig zu arbeiten.

Sozialkompetenz: Die SuS sind zunehmend fähig und bereit, die eigenen Arbeitsergebnisse selbstkritisch und fremde Arbeitsergebnisse fair zu beurteilen.

1.5. Einordnung der Stunde als tabellarische Übersicht

Reihenplanung Extremwertprobleme als Anwendung der Differentialrechnung	
Maximale Werbung – Aus einem gegebenen Umfang eine rechteckige Werbefläche maximieren	Ein Extremwertproblem in zwei Dimensionen mit einfacher Haupt- und Nebenbedingung, Lösungsansätze vergleichen und ein Vorgehen zum rechnerischen Lösen von Extremwertaufgaben erarbeiten
Schokoladenbonbons Extrem – eine Realsituation in ein mathematisches Modell übersetzen anhand der Optimierung einer „umweltunfreundlichen" Verpackung	Ein Extremwertproblem in drei Dimensionen – ohne konkrete Vorgabe Neben- und Hauptbedingung aufstellen können, Nebenbedingung durch Messen ermitteln können
Schokoladenbonbons Extrem – die müllminimierten Verpackungsmaße berechnen, in einen Entwurf umsetzen	Mathematische Ergebnisse ermitteln, interpretieren, in die Realität überführen und bewerten können

und überprüfen	
Schokoladenbonbons Extrem – den Weg zur müllminimierten Verpackung nachvollziehbar erläutern	Den Lösungsweg und die resultierenden Ergebnisse nachvollziehbar darstellen sowie erläutern können
Die materialminimale Fruchtsaftverpackung – Verpackungsoptimierung realistisch bewerten	Üben und Vertiefen – ähnliche Anwendungsaufgaben lösen
Die Rasenfläche im Stadion maximieren- Extremwertprobleme mit Kreisflächen	Anwenden – die erlernten Kenntnisse auf andere Anwendungsaufgaben übertragen
Eine eigene Zusammenfassung zu den Lösungsverfahren erstellen und den eigenen Lernzuwachs einschätzen	Das eigene Vorgehen zusammenfassen, Reflektieren anhand der Ich-Kann-Liste
Klassenarbeit	
Rückgabe Klassenarbeit	

1.6. Vorhaben zur Überprüfung des Lern- und Kompetenzzuwachses (konkrete Maßnahmen innerhalb der Lernsituation, der Unterrichtsreihe)

In ausgewählten Stunden bearbeiten die SuS Zuordnungsübungen oder ein Quiz. Über das Beobachten der Zuordnungsübungen bzw. über die gemeinsame Auswertung des Quiz kann ich erkennen, wem es leichtfällt, gelerntes anzuwenden und wem dies weniger leichtfällt. Auch die SuS selber erhalten durch das Gelingen oder Nichtgelingen eine Rückmeldung. Über die Präsentation von Arbeitsergebnissen, kann ich ebenfalls Fortschritte und Defizite erkennen, die SuS erhalten dabei eine Rückmeldung durch die Klasse. Das eigenständige Vergleichen von Ergebnissen mit einer von mir bereitgestellten Musterlösung hilft den SuS ebenfalls dabei, ihren Lernzuwachs einzuschätzen. Darüber hinaus werden die SuS nach der Bearbeitung der in der gezeigten Stunde eingeführten Problemstellung eine Themen-Checkliste (Ich kann Liste) für die Reihe, mit deren Hilfe sie ihren Lernzuwachs für die verschiedenen Bausteine der Reihe selbst einschätzen können.

2. Planung des Unterrichts

2.1 Lernausgangslage und Konsequenzen für den Unterricht

Das Optimieren von Verpackungen aus ökologischen Gründen berührt die Lebenswelt der SuS. Die Reduzierung des Plastikmülls ist ein wichtiges gesellschaftliches Anliegen.

Dieses möchte ich mithilfe der Problemstellung thematisieren und dadurch versuchen, das Umweltbewusstsein der SuS zu stärken. Daneben wird die Relevanz des Verständnisses von Extremwert- und in diesem Fall konkret von Optimierungsaufgaben für das echte Leben hervorgehoben.

Den SuS ist das Bearbeiten von Problemstellungen mit Sachbezug bereits aus den vorherigen Stunden bekannt. Dennoch bereitet es den meisten SuS noch erhebliche Schwierigkeiten, Alltagssituationen in ein mathematisches Modell zu überführen. In der vorangegangenen Stunde wurde für einen gegebenen Umfang das Rechteck mit dem größten Flächeninhalt gesucht. Das größte Problem für die SuS war dabei das Finden und Aufstellen der Zielfunktion und der Nebenbedingung, d.h. zu erkennen, welche Größe fest und welche variabel ist. Daher steht heute das Übersetzen der Realsituation in ein mathematisches Modell im Mittelpunkt. Des Weiteren konnte ich beobachten, dass einigen Schülern der Unterschied zwischen Volumen und Fläche nicht ganz klar ist. Die Problemstellung der heutigen Stunde bietet die Möglichkeit auf die Kenntnisse der Schüler zu Fläche, Oberfläche und Volumen aus der Sek I zurückzugreifen, diese aufzufrischen und zu festigen. Um die Nebenbedingung aufstellen zu können, ist es nötig einen Schokoladenbonbon zu vermessen. Dadurch kann das Volumen der Füllmenge bestimmt werden. Das Messen eines konkreten Objektes bietet einen haptischen Zugang zur Größe Volumen, wodurch Unterschiede zur Fläche erfahrbar gemacht werden. Für einen Beruf im Bereich Gestaltung sind angemessene Grundvorstellungen zu Fläche und Volumen sowie ein räumliches Vorstellungsvermögen unabdingbar.

Einem Großteil der SuS fällt es immer noch sehr schwer, sich alleine mit einem Problem zu beschäftigen und eigene Gedanken zu entwickeln. Um dies zu trainieren und damit zu fördern, werden im Unterricht vermehrt Methoden mit Einzelarbeitsphasen angewandt. In der gezeigten Stunde ist dies die Methode „ICH-DU-WIR" (siehe Kapitel 2.3.1). Ich konnte in den vorangegangenen Stunden beobachten, dass die eigenständige Gruppen - oder Partnerwahl, einen Teil der SuS ablenkt und dadurch kein Lernfortschritt erzielt werden kann. Daher werde ich die Partner vorgeben, auch um leistungsgemischte Teams zu erhalten. In der letzten Stunde war die Distanz zwischen den einzelnen Teams zu kurz, sodass sich einzelne ständig ausgetauscht haben. Daher habe ich mich für die gezeigte Stunde dazu entschlossen die lehrerzentrierte Gruppensitzordnung [6] zu nutzen.

2.2 Ziele des Unterrichts

2.2.1 Kompetenzen, die in der Unterrichtsstunde gefördert werden

In der gezeigten Stunde werden die folgenden Kompetenzkategorien gefördert:

Fachkompetenz - Mathematisch modellieren (K3)
Die SuS sind zunehmend fähig und bereit, mathematisch relevante Informationen aus einer Problemstellung zu einer Optimierungsaufgabe herauszulesen und diese in ein mathematisches Modell zu überführen.

Sozialkompetenz

Die SuS sind zunehmend fähig und bereit, mit ihren Mitschülerinnen und Mitschülern verantwortungsbewusst zu kooperieren.

2.2.2 Lernziele der Stunde

Ziel: Die SuS erkennen, dass die Größe Oberflächeninhalt zu optimieren ist und vom Volumen abhängt, das vorgegeben ist.

Indikator: Die SuS stellen Vermutungen an zur allgemeinen Lösung des Problems. Die SuS beschaffen sich Daten für die Volumenberechnung, indem sie einen Schokoladenbonbon vermessen und mithilfe einer Formelsammlung auf das Gesamtvolumen der Tüte schließen.

2.3 Didaktische Überlegungen

2.3.1. Pädagogische Begründung des didaktischen Schwerpunktes

In der gezeigten Stunde wird eine Problemstellung genutzt, die darauf abzielt, eine materialsparende Verpackung für 21 Schokoladenbonbons zu entwickeln. Dabei ist die Form der Verpackung vorgegeben: Ein Quader mit quadratischer Grundfläche, didaktisch reduziert auf eine Verpackung ohne Falzungen. Die Situation trägt den Unterricht über mehrere Stunden. Der Prozess des mathematischen Modellierens kann hiermit komplett durchlaufen werden (siehe Anlage). Die SuS arbeiten mit dem Material, das sie optimieren sollen und können die Problemstellung somit auch haptisch erfahren. Während des Erarbeitens der Lösung wird auf Vorwissen aus der Sek I zurückgegriffen: Körperberechnungen, Vermessen, Umformen von Bruchtermen und das Umstellen von Gleichungen. Eine neu zu erlernende Fähigkeit ergibt sich daraus, dass beim Lösen des Problems, eine einfache gebrochen rationale Funktion abgeleitet und daraus eine Extremstelle berechnet werden muss. Die ermittelten Ergebnisse können am Modell überprüft und bewertet werden, indem die optimierte Verpackung hergestellt und befüllt wird. Daraus ergibt sich ein direkter visuell und haptisch erfassbarer Vergleich mit der ursprünglichen Verpackung. Somit wird die Optimierung erfahrbar.

Die Problemstellung ist dazu geeignet, fächerübergreifend behandelt zu werden. Z.B. das Thema „Umweltbewusstsein" in Religion oder Politik, das Thema „Verpackungsoptimierung" in Wirtschaft oder die Gestaltung der Verpackung in den berufsbezogenen Fächern.

In der vorangegangenen Stunde haben die SuS ein Optimierungsproblem bearbeitet, mit konkret aus dem Text erfassbaren Daten zu Haupt- und Nebenbedingung. Trotzdem ist es nicht allen SuS gelungen, ohne Hilfestellung zu erfassen, welche Größe variiert werden soll und welche Beziehung dabei zu der anderen gegebenen Größe besteht.

Der didaktische Schwerpunkt der heutigen Stunde liegt daher auf dem Durchlaufen der ersten Schritte des mathematischen Modellierens (siehe Kapitel 1.3):

— dem Verstehen der Aufgabenstellung und dem Erfassen der Situation

- dem Aufwerfen von Fragen, die zur Lösung der Aufgabe beantwortet werden müssen
- dem Beschaffen von Daten
- Annahmen formulieren und/oder Bezugsgrößen herstellen

In der Einstiegsphase soll das übergeordnete gesellschaftlich relevante Ziel herausgearbeitet werden, dass weniger Verpackungsmaterial den Plastikmüll reduziert. Das Lesen und Verstehen der Aufgabenstellung sowie das Erfassen der Situation stehen hier im Mittelpunkt.

Für die Erarbeitungsphase wird in der gezeigten Stunde die Methode ICH-DU-WIR/Think-Pair-Chair genutzt [7]. In der „ICH"-Phase geht es darum, dass jeder für sich alleine arbeitet. Die SuS sollen sich individuell mit der Problemstellung auseinandersetzen, ohne von anderen beeinflusst zu werden. Basierend auf dem individuellen Vorwissen, ergeben sich Ideen, Fragen und Gedanken zum Lösen des Problems. Die „DU"-Phase dient dazu, sich in einem geschützten Rahmen mit einem Partner auszutauschen. Die Ideen werden verglichen und Fragen geklärt oder falls das nicht möglich ist, notiert. Dabei müssen sich beide Partner äußern und sich mit dem Problem auseinandersetzen.

In beiden Phasen wird der Schritt „Fragen aufwerfen, die zur Lösung der Aufgabe beantwortet werden müssen" durchlaufen. Das „Beschaffen von Daten" sowie „Annahmen formulieren und/oder Bezugsgrößen herstellen" wird in der „DU"-Phase geschehen.

Folgende Probleme können sich für SuS in der Erarbeitungsphase ergeben: Die erste Schwierigkeit für die SuS liegt darin, herauszufinden, dass weniger Verpackungsmaterial mathematisch eine geringere Oberfläche des Körpers bedeutet. Aus dieser Erkenntnis muss die Hauptbedingung aufgestellt werden (Hilfestellung 1. – 3. siehe Anlage). Eine weitere Herausforderung liegt darin, zu erfassen, dass das Volumen, das der Quader fassen muss, durch die Anzahl der Schokoladenbonbons vorgegeben ist (Hilfestellung 4. – 6.). Daraus ergeben sich Höhe und Breite des Quaders und damit auch die minimale Oberfläche. Eine zusätzliche Hürde besteht darin, dass sich das konkrete Volumen eines Schokoladenbonbons erst durch Vermessen ermitteln lässt. Dazu muss der Schokoladenbonbon zunächst einem geometrischen Körper zugeordnet werden. Formal korrekt wäre dies der verlängerte Rotationellipsoid. Falls den SuS das Rechnen mit π Unbehagen bereiten sollte, kann der Schokoladenbonbon vereinfacht als Quader betrachtet werden. Anschließend muss der Schokoladenbonbon vermessen und das Volumen berechnet werden. Als Hilfestellung liegt dazu am Lehrertisch eine Kurzformelsammlung (siehe Anlage). Der nächste Schritt wäre dann, das Ergebnis zusammen mit der Formel für das Volumen als Nebenbedingung aufzustellen und daraus die Hauptbedingung zu ermitteln (Hilfestellung 7. – 9.). Sollte ich während der beiden Phase erkennen, dass die SuS aufgrund einer der genannten Schwierigkeiten oder Hürden nicht weiterkommen, werde ich ihnen eine entsprechende Hilfestellung geben (siehe Anlage).

In der abschließenden „Wir"-Phase geht es darum, die Team-Ergebnisse in der Klasse zu vergleichen und zu diskutieren oder auch noch offene Fragen zu klären. Eventuelle Gemeinsamkeiten und Unterschiede in der bisherigen Bearbeitung des Auftrags werden deutlich. In dieser Phase wir das weitere Vorgehen geplant.

Abschließend sollen die SuS ihren Arbeits- und Lernprozess sowie die Teamarbeit reflektieren. Um den SuS dies zu vereinfachen und auch, um die Hemmschwelle zu nehmen, gebe ich dazu vier Satzanfänge vor, die die SuS vervollständigen sollen.

2.4 Geplanter Verlauf des Unterrichts / Lehr-Lernprozess

Unterrichts-phase	Unterrichtsgegenstand/ Inhalt	Sozialform/ Methode	Medien/ Materialien	Intendierter Lernprozess
Einstieg - Problem	Bildimpuls Problemdarstellung Austeilen des Auftrags und individuelles Lesen Worum geht es in dem Auftrag? Gemeinsames Erarbeiten der Fragestellung zum Problem	UG	Digitale Tafel - PowerPoint	Lernbereitschaft erzeugen Lesen und verstehen der Aufgabenstellung sowie Erfassen der Situation
Erarbeitungs-phase I (ICH-Phase)	Individuelle Beschäftigung mit dem Auftrag „Was ist gegeben, was ist gesucht?"	EA	Auftrag, Stift und Papier Hilfekarten, Formelsammlung	Fragen aufwerfen, die zur Lösung der Aufgabe beantwortet werden müssen.
Erarbeitungs-phase II (DU-Phase)	Austausch über die gesammelten Ergebnisse, Daten beschaffen, Annahmen formulieren und/oder Bezugsgrößen herstellen	PA	Auftrag, Stift und Papier Hilfekarten, Formelsammlung	Mit Unsicherheiten umgehen und diese benennen, kooperieren, gemeinsames Planen der Vorgehensweise
Präsentation und Ergebnissicherung (WIR-Phase)	Präsentation der Arbeitsergebnisse Das weitere Vorgehen wird festgehalten	UG	Digitale Tafel	Ergebnisse interpretieren, hinterfragen, diskutieren, verbessern
Reflexion	Gut geholfen hat mir, ... Schwierig fand ich ...,weil ... Leicht fiel mir ..., weil ... Nicht verstanden habe ich... (, weil ...)	UG	Digitale Tafel, Powerpoint	Selbstwahrnehmung
Erarbeitungs-phase III (ICH-Phase)	Auswahl geeigneter mathematischer Werkzeuge, Aufstellen von mathematischen Modellen	EA	Auftrag, Stift und Papier Hilfekarten, Formelsammlung, weiteres Vorgehen	Selbständig in der Lage sein, ein Ergebnis zu berechnen oder einen Ansatz für die Berechnung zu finden.

Grau hinterlegt: Beobachtungszeitraum

3. Anhang

3.1 Literaturangaben / Internetadressen

1. Ministerium für Schule, Jugend und Kinder NRW (Hg): Lehrplan für das Berufskolleg in NRW: Mathematik, Bildungsgänge der Fachoberschule. Heft 40010. http://www.berufsbildung.nrw.de/cms/upload/_lehrplaene/d/mathe-fos_40010.pdf (Stand 11.02.2018)

2. Hanisch, G.: Fehler – Eine Chance zum Lernen. https://www.oemg.ac.at/DK/Didaktikhefte/1998%20Band%2029/Hanisch1998.pdf (Stand 11.02.2018)

3. Barzel, B.; Hußmann, S.; Leuders, T.; Prediger, S.(Hrsg.): „Das macht Sinn!" Sinnstiftung mit Kontexten und Kernideen, in: Praxis der Mathematik in der Schule 53(37), 2-9 (2011)

4. Borromeo Ferri, R.; Blum, W. & Leiß, D. (2006). Der Modellierungskreislauf unter kognitionspsychologischer Perspektive. In: Beiträge zum Mathematikunterricht. Vorträge auf der 40. Tagung für Didaktik der Mathematik. Hildesheim und Berlin: Franzbecker. http://www.mathematik.tu-dortmund.de/ieem/cms/media/BzMU/BzMU2006/ModerierteSektionen/Mathematische_Modellierung/borromeo_ferri_rita2.pdf (Stand 11.02.2018)

5. KMK Bildungsstandards Mathematik für die allgemeine Hochschulreife (Abitur): https://www.kmk.org/fileadmin/Dateien/veroeffentlichungen_beschluesse/2012/2012_10_18-Bildungsstandards-Mathe-Abi.pdf (Stand 11.02.2018)

6. Heinz Klippert: Teamentwicklung im Klassenraum. Übungsbausteine für den Unterricht. 2010, S.54

7. Barzel, B.; Büchter, A ; Leuders, T(2015): Mathematik Methodik – Handbuch für die Sekundarstufe I und II, S.118-123, Cornelsen, Berlin

8. KIRA – Deutsches Zentrum für Lehrerbildung Mathematik: Mathematisches Modellieren: https://kira.dzlm.de/mathe-mehr-als-ausrechnen/prozessbezogene-kompetenzen-f%C3%B6rdern-beispielaufgaben/prozessbezogene (Stand 11.02.2018)

3.2 Anlagen

Hersteller von Schokoladenbonbons möchte zu nachhaltigerem Konsum beitragen. Das bedeutet unter anderem, den Plastikabfall zu reduzieren.

Du arbeitest im Verpackungsmanagement von Hersteller von Schokoladenbonbons. Deine Aufgabe ist es, die Verpackung des Produktes Schokoladenbonbons 125g neu zu gestalten, sodass möglichst wenig Verpackungsmüll entsteht.

Hersteller von Schokoladenbonbons möchte eine quaderförmige Umverpackung aus beschichtetem Karton (Kantenlängen h und b, siehe Abbildung). Die Schokoladenbonbons sollen nicht mehr einzeln verpackt werden.

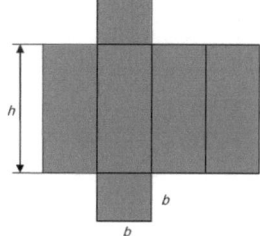

Ideen und Fragen:

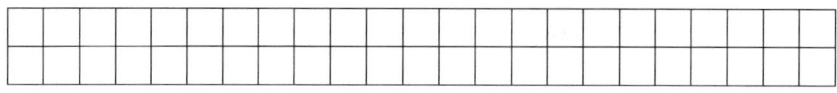

—

- Formelsammlung

Quader
$Oberfläche\ O = 2 \cdot (a \cdot b + a \cdot c + b \cdot c)$
$Volumen\ V = a \cdot b \cdot c$

Schokoladenbonbon als Rotationsellipsoid

$Volumen\ V = \dfrac{4\pi}{3} a^2 c$

- Hilfestellungen (siehe mathematische Modellierung)

1. *Was bedeutet möglichst wenig Verpackungsmüll bezogen auf die Verpackung?*
2. *Was sagt mir das Quadernetz? Was kann man damit ausrechnen?*
3. *Was genau soll minimal werden, wie nennt man das auf mathematisch?*
4. *Wie viele Schokoladenbonbons müssen in die neue Verpackung passen?*
5. *Wie viel Platz braucht ein Schokoladenbonbon?*
6. *Wie nennt man den Platz auf mathematisch?*
7. *Welcher Größe ist fest vorgegeben und kann nicht geändert werden?*
8. *Welcher Größe soll geändert werden?*
9. *Wie kann man die beiden Größen ausrechnen?*

- Stufen der mathematischen Modellierung zur Lösung der Problemstellung [8]

Lesen und verstehen der Aufgabenstellung und Erfassen der Situation	*Die nötigen Informationen der als Text gegebenen Aufgabe entnehmen.* *Welche Höhe h und welche Breite b muss die Verpackung haben, damit der Materialverbrauch und damit der Verpackungsmüll minimal sind?*
Fragen aufwerfen, die zur Lösung der Aufgabe beantwortet werden müssen.	*Wie viele Schokoladenbonbons müssen in die neue Verpackung passen?* *Was soll optimiert werden?* *Welche Größe hängt mit h und b zusammen?* *Was sagt mir das Quadernetz?* *Welche Größe ist fest, welche ändert sich?* *Was genau soll minimal werden?* *Was bedeutet möglichst wenig Plastikmüll bezogen auf die Verpackung?*
Daten beschaffen	*Schokoladenbonbons zählen oder Angaben von der Verpackung ablesen* *Schokoladenbonbon ausmessen.* *Was für ein Körper ist der Schokoladenbonbon?*
Annahmen formulieren und/oder Bezugsgrößen herstellen	*Ein Schokoladenbonbon ist ca. 2,7 cm lang, 2 cm breit und hoch.* *In der Packung sind 21 Schokoladenbonbons.* *Den Schokoladenbonbon ist ein Rotationsellipsoid wird aber hier vereinfacht als Quader betrachtet.* *Die Oberfläche muss so berechnet werden, dass die 21 Schokoladenbonbons in den Quader passen.*
Auswahl geeigneter mathematischer Werkzeuge, Aufstellen von mathematischen Modellen	*Formeln für Volumen und Oberflächeninhalt erinnern oder aus einer Formelsammlung entnehmen* *Den Schokoladenbonbon als Quader betrachten. Volumen des Quaders:* $$V = b^2 \cdot h$$ *Nebenbedingung aufstellen:* $$V = 21 \cdot 2{,}7cm \cdot 2cm \cdot 2cm$$ $$= 226{,}8 \; cm^3$$ $$\Rightarrow 226{,}8 \; cm^3 = b^2 \cdot h \; /: b^2$$ $$\Rightarrow h = \frac{226{,}8 \; cm^3}{b^2}$$ *Hauptbedingung:* $$O(b,h) = 4bh + 2b^2 \; / \; Nebenbedingung \; einsetzen \; (Abhängigkeit)$$ $$O(b) = 4b \left(\frac{226{,}8 \; cm^3}{b^2} \right) + 2b^2$$ $$= \frac{4 \cdot 226{,}8 \; cm^3}{b} + 2b^2$$ $$= \frac{907{,}2 \; cm^3}{b} + 2b^2$$ *Extremstellen der Hauptbedingung berechnen*

$$O'(b) = -\frac{907{,}2\ cm^3}{b^2} + 4b$$

$$= -\frac{907{,}2\ cm^3 + 4b^3}{b^2}$$

$$O'(b) = 0 \Leftrightarrow -907{,}2\ cm^3 + 4b^3 = 0$$

$$-907{,}2\ cm^3 + 4b^3 = 0\ /\ +907{,}2\ cm^3$$

$$\Leftrightarrow 4b^3 = 907{,}2\ cm^3\ /:4$$

$$\Leftrightarrow b^3 = 226{,}8\ cm^3\ /\ \sqrt[3]{}$$

$$\Rightarrow b \approx 6{,}0984\ cm$$

Ergebnis in die Nebenbedingung einsetzen

$$h = \frac{226{,}8\ cm^3}{(6{,}0984 cm)^2}$$

$$\approx 6{,}0983\ cm$$

Beziehen des mathematischen Resultats auf die Realsituation.	*Deuten des Ergebnisses Seitenlänge „6,1" (mathematisches Resultat): Eine quaderförmige Verpackung mit einem Volumen von 226,8 cm^3 ergibt am wenigsten Müll, wenn die Seitenlänge und die Höhe jeweils 6,1 cm betragen.*
Resultat überprüfen bzw. bewerten (Plausibilität)	*Verpackung herstellen mit den ermittelten Maßen, Schokoladenbonbons hineingeben. Ist die Verpackung alltagstauglich?*
Ergebnisse nachvollziehbar darstellen und erläutern	*Der gesamte Lösungsweg wird nachvollziehbar notiert. Dieser wird dem Vorgesetzten präsentiert.*